Willian Oswaldo Sornoza Zambrano
Fabricio F. Meza Bone
José Luis Pincay J.

Costos de producción del cultivo de Jengibre (Zingiber officinale)

Willian Oswaldo Sornoza Zambrano
Fabricio F. Meza Bone
José Luis Pincay J.

Costos de producción del cultivo de Jengibre (Zingiber officinale)

Asociado con Pimiento (Capsicum annum) y Fréjol (Phaseolus vulgaris)

Editorial Académica Española

Impressum / Aviso legal
Bibliografische Information der Deutschen Nationalbibliothek: Die Deutsche Nationalbibliothek verzeichnet diese Publikation in der Deutschen Nationalbibliografie; detaillierte bibliografische Daten sind im Internet über http://dnb.d-nb.de abrufbar.
Alle in diesem Buch genannten Marken und Produktnamen unterliegen warenzeichen-, marken- oder patentrechtlichem Schutz bzw. sind Warenzeichen oder eingetragene Warenzeichen der jeweiligen Inhaber. Die Wiedergabe von Marken, Produktnamen, Gebrauchsnamen, Handelsnamen, Warenbezeichnungen u.s.w. in diesem Werk berechtigt auch ohne besondere Kennzeichnung nicht zu der Annahme, dass solche Namen im Sinne der Warenzeichen- und Markenschutzgesetzgebung als frei zu betrachten wären und daher von jedermann benutzt werden dürften.

Información bibliográfica de la Deutsche Nationalbibliothek: La Deutsche Nationalbibliothek clasifica esta publicación en la Deutsche Nationalbibliografie; los datos bibliográficos detallados están disponibles en internet en http://dnb.d-nb.de.
Todos los nombres de marcas y nombres de productos mencionados en este libro están sujetos a la protección de marca comercial, marca registrada o patentes y son marcas comerciales o marcas comerciales registradas de sus respectivos propietarios. La reproducción en esta obra de nombres de marcas, nombres de productos, nombres comunes, nombres comerciales, descripciones de productos, etc., incluso sin una indicación particular, de ninguna manera debe interpretarse como que estos nombres pueden ser considerados sin limitaciones en materia de marcas y legislación de protección de marcas y, por lo tanto, ser utilizados por cualquier persona.

Coverbild / Imagen de portada: www.ingimage.com

Verlag / Editorial:
Editorial Académica Española
ist ein Imprint der / es una marca de
OmniScriptum GmbH & Co. KG
Heinrich-Böcking-Str. 6-8, 66121 Saarbrücken, Deutschland / Alemania
Email / Correo Electrónico: info@eae-publishing.com

Herstellung: siehe letzte Seite /
Publicado en: consulte la última página
ISBN: 978-3-659-10116-8

Índice General

1

2

Índice de Cuadros

4

Índice de Figuras

RESUMEN

En el Ecuador en los últimos años se ha presentado un aumento del consumo de productos no tradicionales como el jengibre (*Zingiber officinale*), debido a su gran versatilidad de usos. No solo se lo utiliza en la preparación de comidas, sino también en la medicina alternativa. En la provincia Los Ríos, especialmente en el Cantón Buena Fé, el cultivo del jengibre (*Zingiber officinale*) se está extendiendo, de tal manera que los pequeños agricultores que antes se dedicaban a los cultivos de productos básicos para autoconsumo y consumo nacional están atraídos por este nuevo concepto de cultivos asociados.

Por esta razón es importante que conozca los costos de producción de un cultivo de jengibre (*Zingiber officinale*) asociado con pimiento (*Capsicum annun*) y fréjol (*Phaseolus vulgaris*). Este conocimiento le permitirá tener eficiencia en una conversión productiva sostenible y sustentable.

El presente trabajo se ha desarrollado en definir los principales conceptos básicos direccionados a mejorar la calidad de información y su consecuente impacto en la familiarización de las explotaciones agrícolas, lo ha podido verse reflejado en la utilidad o ganancia de su cultivo, que le van a permitir cubrir no solo los costos de producción sino también los de consumo familiar. Logrando así reducir la brecha socio-económica entre el pequeño productor y el gran empresario.

ABSTRACT

In Ecuador in recent years, there has been an increased use of non-traditional products such as ginger (*Zingiber officinale*), due to its versatility of use. Not only is it used in food preparation, but also in alternative medicine.

In our province's rivers, especially in Canton Good Faith, the cultivation of ginger (*Zingiber officinale*) it is spreading, so that small farmers previously engaged to commodity crops for home consumption and domestic consumption are attracted to This new concept of cropping.

It is therefore important to know the costs of producing a crop of Ginger (*Zingiber officinale*) associated with pepper (*Capsicum annun*) and beans (*Phaseolus vulgaris*). This knowledge will allow you to have efficiency in a sustainable and viable productive conversion.

This work has been developed to define the main basic concepts directed at improving the quality of information and its consequent impact on the familiarization of farms, has been seen reflected in the profit or gain of its cultivation, which will allow cover not only production costs but also household consumption. Thus managing to reduce the socio-economic gap between small producers and large employer.

I. INTRODUCCIÓN

En América Latina, después de Brasil, el Ecuador es donde más explotaciones agrícolas familiares existen. Las parcelas o territorios, donde los miembros comparten tareas y las ganancias, son tan importantes que representan el 88 por ciento de las fincas totales. (Diario Expreso 2014).

El Ecuador ha sido considerado siempre como un país netamente agrícola; sosteniendo un modelo agroexportador sustentado en la producción de cacao y banano. En las últimas décadas el petróleo ha sido el principal rubro de exportación.

La importancia del sector agropecuario en el país se evidencia en su participación en el PIB, el cual alcanza el 10.7% y ocupa el segundo sector productor de bienes, luego del petróleo; le siguen en importancia, la construcción y la industria manufacturera. Según el III Censo Nacional Agropecuario (2000), el sector empleó al 31% de la Población Económicamente Activa (PEA) del país.

En la actualidad a la agricultura se la considera como un activo estratégico de las naciones, ya que no solo provee alimentos, sino también genera crecimiento económico al estar relacionada con los diferentes sectores como: agropecuario, agroindustria, transporte y comercio agropecuario.

El comercio internacional y nacional de cultivos especializados está creciendo significativamente. Tal es así que entre pequeños agricultores, que antes se dedicaban a la producción de granos básicos para autoconsumo y consumo nacional, están motivados para incursionar en la producción de productos no tradicionales como el jengibre, no solo como monocultivo sino como policultivos. Involucrándose de esta manera en la diversificación agrícola.

8

El Ecuador tiene condiciones agroecológicas únicas en el mundo; si bien las agro-exportaciones tradicionales (banano, cacao y café) se localizaron en la región tropical de la Costa, las no tradicionales provienen no solamente de esa región, sino también de la Sierra en la producción de hortalizas y flores.

La producción y consumo de productos no tradicionales refleja una nueva inserción en los mercados mundiales, ya que son los países importadores los que determinan cuáles productos van a importar y en qué momento.

La forma de producción de los cultivos no tradicionales varía según factores de intensidad de cultivo, nivel de inversión requerida, conocimientos, contactos con mercados internacionales y los estándares de calidad. Se puede entender la forma de producción en términos de la manera en la cual se adquiere la materia prima (Glover y Kusterer 1990).

Dentro de los productos agro-exportadores no tradicionales, tenemos al jengibre (*Zingiber officinale*), siendo originario de Asia se produce en la región tropical de la Costa Ecuatoriana; el pimiento (*Capsicum annun*) y el fréjol (*Phaseolus vulgaris).*

En Ecuador, el jengibre se cultiva en Esmeraldas, San Lorenzo, Quinindé, La Concordia, Santo Domingo de Los Tsachilas, Quevedo, El triunfo, Tena, Misahuallí, Macas, El Coca (Sica,2001).

El consumo de jengibre está en aumento por sus diferentes usos culinarios como especias en la comida y por sus propiedades terapéuticas en la medicina natural. Alivia las náuseas causada por los mareos, es estimulante gastro-intestinal, y del sistema nervioso. Además en el industria con la extracción de aceites y oleorresinas.

De la misma manera el pimiento (*Capsicum annun),* cuyo consumo proporciona beneficios al ser humano, ya que es rico en fibra, vitamina C y B, posee antioxidantes y vitamina A, previniendo enfermedades crónicas y degenerativas. Se lo consume crudo, hervido o asado.

El fréjol (*Phaseolus vulgaris*), es una leguminosa rica en proteínas e hidratos de carbono y vitaminas del complejo B. Además por su alto contenido de hierro y valor energético se convertido en uno de los principales alimentos de población. Reforzando significativamente la seguridad alimentaria y nutricional entre los consumidores de escasos recursos, al tiempo que reduce el riesgo de padecer enfermedades cardiovasculares y diabetes.

La falta de un registro o un sistema de costos de producción eficiente ha influido en los agricultores en una situación de inconformidad, ya que muchas veces, si se llega a determinar el precio pero no en el momento que se estima la utilidad, al realizar la venta no coincide con las expectativas generadas.

Por esto es primordial que se conozca los costos de producción en el cultivo de jengibre (*Zingiber officinale*) asociado con pimiento (*Capsicum annun*) y fréjol (*Phaseolus vulgaris*) en el Cantón Buena Fé, ya que al aplicarlos eficazmente permite que el agricultor optimice los recursos con que cuenta, especialmente con la asociación de cultivos; ya que diversifica su producción asegurando la alimentación y generando más ingresos.

Además de mantener la fertilidad del suelo y el aprovechamiento sostenible de los recursos naturales.

1.1. Objetivos

1.1.1. Objetivo General

Analizar los costos de producción en el cultivo de jengibre (*Zingiber officinale*) asociado con pimiento (*Capsicum annun*) y fréjol (*Phaseolus vulgaris*).

1.1.2. Objetivos Específicos

- Establecer la influencia de los costos de producción en el cultivo de jengibre (*Zingiber officinale*) asociado con pimiento (*Capsicum annun*) y fréjol (*Phaseolus vulgaris*).

- Optimizar los recursos agroeconómicos del cultivo de jengibre (*Zingiber officinale*) asociado con pimiento (*Capsicum annun*) y fréjol (*Phaseolus vulgaris*).

1.1.3. Hipótesis

El conocer el costo de producción del cultivo de jengibre (*Zingiber officinale*) asociado con pimiento (*Capsicum annun*) y fréjol (*Phaseolus vulgaris*) permitirá al agricultor obtener mejores resultados económicos.

II. MARCO TEÓRICO

2.1. El jengibre

El jengibre (Zingiber officinale), es originario del este de Asia, pertenece a la familia de las Zingiberáceas, plantas que engloban unos cincuenta géneros y mil trescientas especies de distribución tropical, sobre todo en los países de extremo oriente, no se conoce en estado silvestre y su cultivo es muy antiguo en el continente asiático. En Europa fue conocido desde la antigüedad por griegos y romanos, es característico que las plantas de este orden formen rizomas (tallos subterráneos parecidos a raíces); con frecuencia éstos son carnosos y contienen grandes cantidades de almidón u otras sustancias útiles (León,1987).

2.1.1. Historia

Desde tiempos remotos la planta del jengibre ha sido cultivada por los pueblos de oriente debido a sus virtudes curativas que fueron mencionadas por el filósofo chino Confucio (5514 A.C.), por el médico griego Dioscórides y también por el Corán, el libro sagrado del islamismo. Llegó a Europa de manos de los mercaderes árabes y fue usado ampliamente por los antiguos griegos y romanos (Altman, 2008).

Su uso fue introducido a Francia y Alemania en el siglo X. La planta fue introducida en América poco después del descubrimiento. En México la introdujo Francisco de Mendoza, hijo del virrey de este territorio. De allí pasó pronto a las Antillas, especialmente a Jamaica, que en 1547 ya exportaba 1100 toneladas de rizomas a España y ha continuado desde entonces como uno de los principales países productores de jengibre (Maistre,1989).

El jengibre en la cocina medieval Europea, ocupó un lugar de gran importancia por sus cualidades curativas y afrodisíacas. En Francia su uso fue abundante en relación a otros países, debido a que en la cocina medieval francesa, existía un gusto mayor por los sabores ácidos que queda reflejado en los libros de recetas. Enrique VII le agradaba mucho el jengibre por sus cualidades afrodisíacas. (Bean, 2002).

En la actualidad el jengibre es cultivado mundialmente en los países de climas tropicales como la India, China, Japón, Indonesia, Islas del Caribe, Perú, Honduras, Costa Rica y Ecuador.

2.1.2. Botánica y descripción

El jengibre (Zingiber officinale) pertenece a la familia de las Zingiberáceas. La planta se forma de un rizoma subterráneo del que parten vástagos aéreos, cubiertos por las vainas envolventes de las hojas. La planta alcanza hasta un metro de altura; el follaje es de color verde pálido. Normalmente hay un escapo floral que parte del rizoma. Los rizomas del jengibre son tallos monopodiales, hasta de 50 centímetros de largo (León, 1987).

Cuando se cosechan maduros, estos es, una vez seca la parte aérea de la planta, los rizomas frescos de jengibre se presentan en forma de órganos irregulares, alargados, del grueso de un dedo pulgar con ramificaciones obtusas en el mismo plano. Se les designa como manos y son tanto más apreciadas cuanto más rectilíneas y desarrolladas son sus ramificaciones o dedos. El volumen y peso varían según las condiciones ecológicas y el esmero con que se ha llevado a cabo el cultivo. Las manos más gruesas pueden pesar más de 200 gr y medir 15 cm o más, mientras que los dedos suelen tener de 3 a 6 cm de largo por uno o dos de ancho (Maistre, 1989)..

La mayor parte de los autores coincide en que el fruto es desconocido, otros afirman que es raro y que se presenta en forma de cápsulas de paredes alargadas, trilocular, dividido en varias celdas que se abren en tres válvulas y contiene un cierto número de semillas negras, pequeñas y angulosas (Maistre, 1989).

2.1.3. Cultivo

Requiere de clima tropical a subtropical con temperaturas entre 25 y 30 grados centígrados y precipitación mayor de 2000 mm anuales distribuidos durante todo el año. Los suelos sueltos con alto contenido de materia orgánica, con buen drenaje, son los más recomendados. Las semillas son trozos de rizoma; se siembra a una densidad de 20.000 plantas por hectárea. La distancia entre plantas es de 0.40 m entre plantas y 1.30 m entre surco. La cosecha se lleva a cabo de nueve a diez meses después de la siembra (Solano, 1991).

2.1.4. El pimiento

2.1.5. Origen y generalidades

Es un cultivo cuyo origen se sitúa en América del Sur. Comenzó en la zona de Perú-Bolivia y de allí se extendió por el resto del continente. Es un cultivo cultivado desde la antigüedad por los Indios que allí vivían constituyendo un alimento básico en su dieta. Colon lo introdujo en España en 1943 y de aquí se extendió a lo largo del siglo XVI por Europa, Asia y África. Cuando se introdujo en el viejo continente se utilizó para condimentar los guisos, complementando a la pimienta, que era la única planta que se utilizaba con este fin (http:www.agroes.es…)

El pimiento se destaca por sus altos contenidos en vitaminas A y C y en Calcio. Dependiendo de variedades pueden tener diversos contenidos de capsainoides, alcaloides responsables del sabor picante y de pigmentos carotenoides (Pillajo, 1999).

El pimiento (*Capsicum annuum L.*), cultivo hortícola originario de América, es de gran importancia nacional y mundial por su amplia difusión y gran importancia económica, siendo el quinto cultivo hortícola en cuanto a superficie cultivada se refiere y el octavo según la producción total, a nivel mundial (Nuez, 1996).

En Ecuador se cultivan más de 500 hectáreas de pimiento, según la Asociación de Productores Hortofrutícolas de la Costa (Ashofruco). Santa Elena ocupa el primer lugar con 150 hectáreas. Le siguen la Sierra Norte, Manabí y Loja. (Diario El COMERCIO).

2.1.6. Botánica y descripción

Pertenece a la familia de las solanáceas junto con el tomate, la papa, la berenjena y el tabaco, su nombre científico es *Capsicum annum*. Es una planta Anual bajo cultivo, perenne en estado silvestre. Sus tallos son erectos, ramificados, semileñosos, de una altura de 40 a 50 cm. Su raíz es pivotante con numerosas raíces adventicias. Las hojas son lanceladas con un peciolo alargado. Las flores son blancas, frágiles, solitarias, localizadas en las axilas de las hojas, formando frutos carnosos, primero son verdes, volviéndose rojos en la madurez. Los frutos contienen numerosas semillas, blancas, aplanadas y lisas, de una duración germinativa de cuatro años (Luro, 1982).

La taxonómica dentro del género *Capsicum* es compleja, debido a la gran variedad de formas existentes en las especies cultivadas y a la diversidad de criterios utilizados en la clasificación. Todas las formas de pimiento, chile o ají utilizadas por el hombre

15

pertenecen al género *Capsicum*. El nombre científico del género deriva del griego: según unos autores de lapso (picar), según otros de kapsakes (capsula) (Soto, 2001).

2.1.7. Cultivo

El cultivo del pimiento se realiza en varios pasos. Primero hay que sembrar las semillas en invernaderos o en cajoneras de jardín, y una vez que las plantas hayan alcanzado un tamaño de unos 10 cm hay que proceder al trasplante, agregar una cantidad suficiente de calcáreo y sobre todo de fertilizante al realizar esta última operación. Para la elección del terreno de cultivo conviene privilegiar un lugar con buena exposición al sol. También conviene que el suelo sea fácil de labrar y contenga abundante materia orgánica. Por otro lado, aunque la planta necesita humedad, es imperativo que el agua del suelo pueda ser fácilmente evacuada (http// horticultura.tv).

Las distancias recomendadas para la siembra de pimiento son: 80 a 120 cm entre surcos y de 20 a 40 cm entre plantas, lo que da una población aproximada de 30.000 a 35.000 plantas por hectárea. En el caso de los híbridos (mayor crecimiento vegetativo) se deben incrementar las distancias de siembra a 150 cm entre surcos y 50 a 60 cm entre plantas. Adquiere su madurez entre los 75 a 80 días después del trasplante. Una planta puede producir de 12 a 15 frutos durante la temporada de cosecha.

2.1.8. El fréjol

2.1.9. Origen y generalidades

El frijol (*Phaseolus vulgaris L.*) presuntamente, fue introducido en América por las tribus nómadas que cruzaron el estrecho de Bering hasta Alaska. Hay evidencias que en el siglo X los Aztecas en México usaron el fríjol como un grano básico, y que los Incas los introdujeron a Suramérica (Velásquez y Giraldo, 2005).

En el Ecuador existen zonas aptas para el normal desarrollo del cultivo del fréjol *(P.vulgaris L.)* como Milagro, Naranjito y Pedro Carbo en la provincia del Guayas, Babahoyo, Vinces y Quevedo en la provincia de Los Ríos. El área sembrada a nivel nacional es de 60.000 has con un rendimiento promedio de 550 kg/ha. La mayoría de la superficie sembrada es producto de las parcelas de pequeños agricultores (Robles, 2003).

El fréjol, por disponer aproximadamente un 22% de proteínas, es considerado importante componente básico en la alimentación, es relativamente económico si se lo compara con las proteínas de origen animal, especialmente la carne. Además es una leguminosa que mejora los suelos debido a las bacterias nitrificantes que se adhieren a las raíces (Bitocchiy Nanni, 2011).

2.1.10. Características generales del cultivo

El desarrollo del cultivo del frijol tiene dos fases: la vegetativa y la reproductiva. La primera abarca desde la germinación de la semilla hasta el comienzo de la floración y la segunda se extiende desde la floración hasta la madurez de cosecha.

La población recomendada es de 150.000 a 200.00 plantas/ha. El ajuste de espaciamiento entre y dentro de las hileras depende de la zona y experiencia del agricultor. Así en Doralisa (Guayas) puede sembrarse a 0,40 m entre hileras y 0,20 m. entre golpes, con 2 semillas/sitio. En áreas menos húmedas como Vinces, Babahoyo y Boliche emplear 0,50 m. entre hileras con 12-15 semillas por metro de hilera (INIAP, 1990).

17

Ya que se produce tanto en la sierra como en la costa, el fréjol necesita un ciclo de cultivo de 80 a 90 días en valles y estribaciones, cuando se lo va a cosechar en tierno, y de 110 a 115 en valles y estribaciones si se lo cosecha en seco, a diferencia de Guaranda (Bolívar) que sería de 150 a 165 días (INIAP, 2010).

2.2. Costos de producción agrícola

Los costos de producción agrícola representan el total de los medios de Reproducción y la parte proporcional de los medios de producción desgastados, con el fin de obtener un producto agrícola. Así que los cotos totales de un cultivo son aquellos incurridos desde la preparación de suelos hasta la cosecha (Manjarrés, 2002).

2.2.1. Costos Agropecuarios

Toda empresa agropecuaria necesita el recurso financiero para adquirir los insumos y medios de producción, tales como semillas, herbicidas, fertilizantes, insecticidas, animales y el alimento de éstos, maquinaria y equipo, instalaciones y construcciones, mano de obra contratada, etc. (Gómez, 2005)

Los costos de las empresas agropecuarias se pueden agrupar de acuerdo a su naturaleza en:

a) **Relaciones con la tierra**

Costo por agotamiento o arrendamiento (cuando no se es dueño); la carga financiera; el costo de oportunidad, cuando se ha invertido capital propio.

b) Por remuneraciones al trabajo

Jornales de obreros permanentes o temporales, valor de la mano de obra brindada por éstos y su familia.

c) Medios de producción duraderos

Maquinaria y equipo de trabajo, instalaciones y construcciones.

d) Medios de producción consumidos

Semillas, herbicidas, fertilizantes, insecticidas y fungicidas.

e) Servicios contratados externamente

Molida y mezclada de granos. Transporte de granos y animales. Servicios mecanizados.

f) Gastos de operación

Electricidad y comunicaciones (teléfono, radio, localizador). Combustible y lubricantes. Materiales (reacondicionamiento de caminos).

2.2.2. Clasificación de los costos

Para tener un conocimiento razonable de la rentabilidad de una empresa, es indispensable identificar y conocer el comportamiento de cada uno de los costos involucrados en sus actividades (Gómez, 2005).

Los costos, de acuerdo a su naturaleza contable los podemos clasificar como:

- Costos fijos y variables
- Costos directos e indirectos
- Costos totales y unitarios.

2.2.3. Costos fijos

Son aquellos que se mantienen constantes, cualquiera que sea el volumen de producción, tales como: arriendos, seguros, depreciaciones en línea recta, etc. (Bravo-Ubidia, 2009).

Son aquellos que no varían en relación con el volumen de la producción (Gómez, 2005).

2.2.4. Costos Variables

Son aquellos que varían proporcionalmente, de acuerdo al volumen de producción; tales como: materia prima, mano de obra (Bravo-Ubidia, 2009).

Son aquellos que están directamente relacionados con los volúmenes de producción, significa, que aumentan en la medida en que aumenta la producción. Ejemplo, combustible, fertilizantes, mano de obra, etc. (Gómez, 2005).

2.2.5. Costos Directos

Son aquellos que se identifican o cuantifican en forma directa con el producto terminado; tales como materia prima directa, mano de obra directa (Bravo-Ubidia, 2009).

Es cuando el costo está directamente relacionado con la producción de un producto determinado, por ejemplo el valor de la semilla, del fertilizante, éste está directamente relacionado con la producción (Gómez, 2005).

2.2.6. Costos Indirectos

Son aquellos que no se pueden identificar o cuantificar fácilmente con el producto terminado; tales como: materiales indirectos, mano de obra indirecta, energía, depreciaciones, etc. (Bravo-Ubidia, 2009).

Son los que no tienen ninguna relación con la producción en un producto determinado, son necesarios para la producción pero no se pueden identificar como un costo específico de algún producto, por ejemplo los costos de la electricidad, necesarios para la empresa pero se hace difícil saber cuánto corresponde a cada uno de los productos (Gómez, 2005).

2.2.7. Costos totales

Comprende todos los costos y gastos en que ha incurrido la empresa agropecuaria para cultivar y vender su producto (Reyes, 2011)

El concepto de costos totales incluye la suma de todos los costos que están asociados al proceso de producción de un bien, o al suministro de un servicio, por lo tanto entre más se produce mayor será el costo en el que se incurre. Los costos totales se dividen en dos componentes: costos fijos y costos variables (Bravo-Ubidia, 2009).

2.2.8. Costos Unitarios

Se citan como costo unitario a la suma de los costos totales divididos entre las unidades de un producto determinado (Gómez, 2005), Es el costo de producir una unidad de producto (Reyes, 2011)

III. METODOLOGÍA DE LA INVESTIGACIÓN

3.1. Localización

La presente investigación se desarrolló en el Cantón Buena Fé, Provincia de Los Ríos. Desde el 24 de noviembre del 2014 al 24 de marzo del 2015.

3.1.1. Ubicación geográfica

De acuerdo a la Unidad Técnica Métrica (UTM), realizado con el Sistema de Posesión Geográfica GPS, se registró los siguientes datos:

Cuadro N° 1 Ubicación Geográfica del Cantón Buena Fé

COORDENADAS GEOGRAFICAS		
	LATITUD SUR	LONGITUD OESTE
NORTE :	0° 31′ 39″	79° 27′ 53″
SUR :	0° 57′ 24″	79° 27′ 02″
ESTE:	0° 39′ 19″	79° 21′ 02″
OESTE:	0° 51′ 11″	79° 36′ 21″

Fuente: Prefectura de Los Ríos.

3.2. Materiales y métodos

3.2.1. Materiales

o Resma de hojas A4
o Lapiceros
o Resaltadores
o Carpeta
o Internet   76 horas
o Lápiz
o Borrador
o Libreta de apuntes
o Cuaderno

3.2.2. Equipos

o Computadora
o Calculadora
o Memorias USB
o Cámara
o Impresora

3.3. Métodos de Investigación

3.3.1. Método analítico

Este método ha permitido mediante el análisis distinguir los diferentes fundamentos contables necesarios para analizar los costos de producción del cultivo de jengibre

(Zingiber officinale) asociado con pimiento *(Capsicum annun)* y fréjol *(Phaseolus vulgaris)*.

3.3.2. Método inductivo

A través de este método se llegó a establecer que el cultivo de jengibre *(Zingiber officinale)* asociado con pimiento *(Capsicum annun)* y fréjol *(Phaseolus vulgaris)* se obtiene mayor rentabilidad y beneficios económicos que, con el monocultivo del jengibre, a partir de la información de primera mano obtenida directamente al agricultor mediante la recolección de datos.

IV. RESULTADOS

4.1. Costos de producción

Los costos de producción representan una parte importante en cualquier empresa, y al conocer cada uno de ellos se calcula de manera adecuada el precio de venta del producto.

4.2. Costos directos

Los costos directos en el cultivo de jengibre *(Zingiber officinale)* asociado con pimiento *(Capsicum annun)* y fréjol *(Phaseolus vulgaris)*, se basan en la materia prima que se considera a las semillas, insumos, análisis de suelo, preparada de terreno y la mano de obra directa que estas actividades generan en una hectárea.

Cuadro N° 2 Costos directos del cultivo de jengibre (*Zingiber officinale*) asociado con pimiento *(Capsicum annun)* y fréjol *(Phaseolus vulgaris)* en una hectárea.

COSTOS DIRECTOS				
DESCRIPCIÓN	CANTIDAD	UNIDAD	COSTO UNITARIO	COSTO TOTAL
MATERIA PRIMA				
Semilla de jengibre	30	Qq	60,00	1.800,00
Semilla de frejol	15	Kg	2,00	30,00
Semilla de pimiento	100	sobres	1,25	125,00
NPK 10-30-10	9	Qq	28,00	252,00

25

Nitrofoska	12	Kg	6,00	72,00
Verdic	1	Lt	30,00	30,00
Semevin	0,75	Lt	8,00	6,00
Lorsban	2	Lt	20,00	40,00
Urea	7	Kg	5,00	35,00
Glifosato	1	Gl	28,00	28,00
Análisis de suelo	1		30,00	30,00
Preparada suelo	5		50,00	250,00
Total Materia Prima				2.698,00
MANO DE OBRA DIRECTA				
Empleados	294	Jornal	18,00	5.292,00
TOTAL				$ **7.990,00**

Fuente: El autor.

Con los datos que se receptaron para cultivar jengibre *(Zingiber officinale)* asociado con pimiento *(Capsicum annun)* y fréjol *(Phaseolus vulgaris)* se obtiene un costo de la materia prima con un total de $ 2.698,00 y que el valor de mano de obra directa es de $ 5.292,00, que se considera las semillas, preparación del suelo, siembra, fertilización, labores culturales, control químico de malezas y fitosanitario, también de la cosecha y poscocecha. Además de los jornales que son 294 en una hectárea.

Cuadro N° 3 Costos directos en la producción de jengibre *(Zingiber officinale)* en una hectárea de terreno.

COSTOS DIRECTOS				
DESCRIPCIÓN	CANTIDAD	UNIDAD	COSTO UNITARIO	COSTO TOTAL
MATERIA PRIMA				
Semilla de jengibre	30	qq	60,00	1.800,00
NPK 10-30-10	9	qq	28,00	252,00
Nitrofoska	4	Kg	6,00	24,00
Verdic	1	Lt	30,00	30,00
Semevin	0.5	Lt	8,00	4,00
Lorsban	1	Lt	20,00	20,00
Urea	7	Kg	5,00	35,00
Glifosato	1	Gl	28,00	28,00
Análisis de suelo	1		30,00	30,00
Preparada suelo	5		50,00	250,00
Total Materia Prima				2.473,00
MANO DE OBRA DIRECTA				
Empleados	264	Jornal	18,00	4.752,00
TOTAL				**$ 7.225,00**

Fuente: El autor

El punto de partida es la materia prima con un valor de $ 2.473,00 en donde solo se incluyen los valores de las semillas, siembra, preparación de terreno, control de

malezas, plagas y enfermedades; además la mano de obra directa por un valor de $
4.752,00 que equivale a 264 jornales, con los mismos procesos que en el cultivo de
jengibre *(Zingiber officinale),* con la diferencia que es monocultivo. Se puede
apreciar que se reduce un minimo el número de jornales para realizar las tareas
agrícolas. Todo esto con un total de $ 7.225,00 que vendrían a ser los costos directos
en una hectárea.

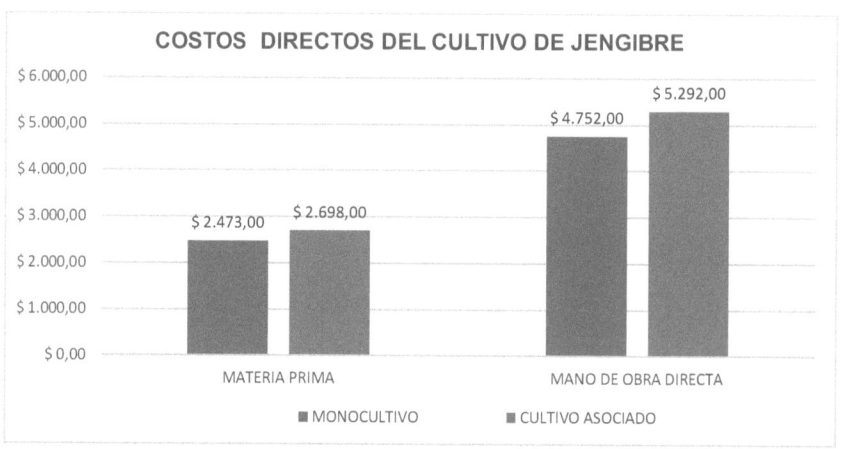

Fuente: El autor.

FIGURA N° 1 Costos directos en la producción del cultivo de jengibre *(Zingiber
officinale)* asociado con pimiento *(Capsicum annun),* fréjol *(Phaseolus
vulgaris)* y como monocultivo.

En la figura N°1 se aprecia que la diferencia de valores en la materia prima y mano
de obra directa entre el cultivo de jengibre *(Zingiber officinale)* asociado y como
monocultivo en una hectárea de terreno.

4.3. Costos Indirectos

Son los costos generales de producción, que no se relacionan en forma directa, en este caso tenemos al valor por arrendamiento de una hectárea de terreno, a la depreciación de las herramientas que se utilizaron, ver Anexo 2; y el valor destinado a los imprevistos que se puedan suscitar durante el cultivo.

Cuadro N° 4 Costos indirectos en la producción de jengibre *(Zingiber officinale)* asociado con pimiento *(Capsicum annun)* y fréjol *(Phaseolus vulgaris)* en una hectárea de terreno.

COSTOS INDIRECTOS				
DESCRIPCIÓN	CANTIDAD	UNIDAD	COSTO UNITARIO	COSTO TOTAL
Renta de terreno	1	Ha.	250	250,00
Depre. Herramientas	2	Años	7,69	76,90
Imprevistos	5%			399,50
TOTAL			$	**726,40**

Fuente: El autor

Cuadro N° 5 Costos indirectos en la producción de jengibre (*Zingiber officinale*) en una hectárea de terreno.

COSTOS INDIRECTOS				
DESCRIPCIÓN	**CANTIDAD**	**UNIDAD**	**COSTO UNITARIO**	**COSTO TOTAL**
Renta de terreno	1	Ha	250	250,00
Depre. Herramientas	2	Años	7,69	76,90
Imprevistos	5%			361,25
TOTAL				**$ 688,15**

Fuente: El autor

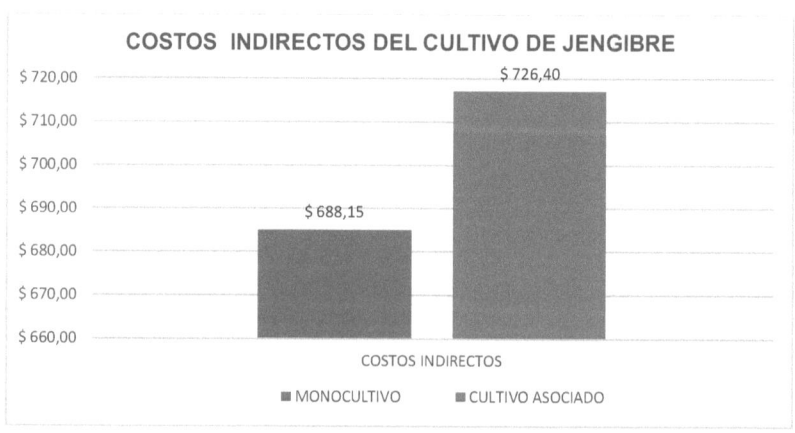

Fuente: El autor

FIGURA N° 2 Costos de producción indirectos del cultivo de jengibre *(Zingiber officinale)* asociado con pimiento *(Capsicum annun)* y fréjol *(Phaseolus vulgaris)* y como monocultivo en una hectárea de terreno.

30

4.4. Determinación del Costo Total

Se determinó el costo total en la producción de jengibre *(Zingiber officinale)* asociado con pimiento *(Capsicum annun)* y fréjol *(Phaseolus vulgaris)* y además como monocultivo; en una hectárea de terreno.

Cuadro N° 6 Costo total de la producción de jengibre *(Zingiber officinale)* como monocultivo y asociado con pimiento *(Capsicum annun)* y fréjol *(Phaseolus vulgaris)* en una hectárea de terreno.

COSTO TOTAL	MONOCULTIVO	CULTIVO ASOCIADO
COSTO DIRECTO	$ 7.225,00	$ 7.990,00
COSTO INDIRECTO	$ 688,15	$ 726,40
COSTO TOTAL	**$ 7.913,15**	**$ 8.716,40**

Fuente: El autor

Con los valores obtenidos se estableció que los costos totales de la producción de jengibre *(Zingiber officinale)* asociado con pimiento *(Capsicum annun)* y fréjol *(Phaseolus vulgaris)* en una hectárea de terreno es $ 8.716,40 y como monocultivo es $ 7.913,15.

4.5. Gastos Administrativos

Dentro de los gastos administrativos se incluyen los gastos generales, administrativos, sueldos, materiales de oficina y otros si los hubiere. En este caso tanto en el monocultivo como el cultivo asociado solo se ha considerado el valor que se destina al arrendatario de una hectárea de terreno, por lo tanto tienen igual valor.

Cuadro N° 7 Gastos administrativos en la producción de jengibre *(Zingiber officinale)* como monocultivo y asociado con pimiento (*Capsicum annun*) y fréjol *(Phaseolus vulgaris).*

GASTOS ADMINISTRATIVOS				
DESCRIPCIÓN	CANT.	UNIDAD	COSTO UNITARIO	COSTO TOTAL
Sueldo Administración	10	S. Básico	340	3.400,00
TOTAL MENSUAL			$	**3.400,00**

Fuente: El autor

Los gastos administrativos en la producción de jengibre *(Zingiber officinale)* como monocultivo y asociado con pimiento *(Capsicum annun)* y fréjol *(Phaseolus vulgaris)* en una hectárea de terreno es $ 3.400,00. Estos valores son iguales, ya que se ha considerado solo el rubro para un administrador o la persona que alquila el terreno.

4.6. Ingreso Bruto

Es determinado por el resultado del precio de venta por las unidades producidas.

Ingreso Bruto = Precio de venta x unidades producidas

Cuadro N° 8 Ingreso bruto en la producción de jengibre *(Zingiber officinale)* como monocultivo y asociado con pimiento *(Capsicum annun)* y fréjol *(Phaseolus vulgaris)* en una hectárea de terreno.

INGRESO BRUTO				
CULTIVO	PRODUCCION	PRECIO DE VENTA	TOTAL	INGRESO BRUTO
Jengibre	700 qq	$ 0,70	$ 22.272,73	**$ 22.272,73**
Frejol	11 qq	$ 100,00	$ 1.100,00	
Pimiento	350 sacos	$ 20,00	$ 7.000,00	
Asociado				**$ 30.372,73**

Fuente: El autor

Los valores aquí expuestos son en base al precio actual en el mercado nacional para el mes junio del año en curso. El precio del jengibre *(Zingiber officinale)* es de 0,70 ctv. /kg, que en 700 quintales se obtiene un valor de $ 22.272,73; el precio   del pimiento *(Capsicum annun)* es de $20,00 el saco de 60 libras, en una producción de 350 sacos se obtiene un   valor de $ 7.000,00; y el precio del fréjol *(Phaseolus vulgaris)* es de $ 1,00 la libra con una producción de 11 quintales, dándonos un valor de $ 1.100,00. EL ingreso bruto de la producción del jengibre *(Zingiber officinale)* como monocultivo es de $ 22.272,73 y con asociación de otros productos en este caso el pimiento *(Capsicum annun)* y fréjol *(Phaseolus vulgaris)* es de $ 30.372,73

4.7. Beneficio Neto

Se establece por la diferencia entre los ingresos brutos y el costo total de la producción del cultivo de jengibre *(Zingiber officinale)* como monocultivo y asociado con pimiento *(Capsicum annun)* y fréjol *(Phaseolus vulgaris)* en una hectárea de terreno.

Cuadro N° 9 Beneficio neto en la producción del cultivo de jengibre *(Zingiber officinale)* como monocultivo y asociado con pimiento *(Capsicum annun)* y fréjol *(Phaseolus vulgaris)* en una hectárea de terreno.

BENEFICIO NETO	MONOCULTIVO	CULTIVO ASOCIADO
INGRESO BRUTO	$ 22.272,73	$ 30.372,73
COSTO TOTAL	$ 7.913,15	$ 8.716,40
BENEFICIO NETO	**$ 14.359,58**	**$ 21.656,33**

Fuente: El autor

El beneficio neto de la producción de jengibre *(Zingiber officinale)* como monocultivo es $ 16.586,85; y asociado con pimiento *(Capsicum annun)* y fréjol *(Phaseolus vulgaris)* es $ 23.883,60 en una hectárea de terreno; estableciéndose una diferencia en los ingresos del agricultor.

4.8. Relación de Beneficio Costo

Es el resultado de dividir el valor de Beneficio Neto para el Costo Total.

$$\text{Relación de Beneficio Costo} = \frac{\text{Beneficio Neto}}{\text{Costo Total}}$$

Cuadro N° 10 Relación de Beneficio-Costo en la producción de jengibre *(Zingiber officinale)* como monocultivo y asociado con pimiento *(Capsicum annun)* yfFréjol *(Phaseolus vulgaris)* en una hectárea de terreno.

RELACION DE BENEFICIO-COSTO	MONOCULTIVO	CULTIVO ASOCIADO
BENEFICIO NETO	$ 14.359,58	$ 21.656,33
COSTO TOTAL	$ 7.913,15	$ 8.716,40
Relación de Beneficio-Costo	**$ 1,81**	**$ 2,48**

Fuente: El autor

Con los datos obtenidos la relación beneficio–costo es de $ 1,81 como monocultivo y $ 2.48 como cultivo asociado; de esta manera se considera que la producción del cultivo de jengibre *(Zingiber officinale)* como monocultivo y asociado con pimiento *(Capsicum annun)* y fréjol *(Phaseolus vulgaris)* es rentable. Ya que por cada dólar invertido ha sido superado y se ha obtenido una ganancia de $ 0,81 como monocultivo y $ 1,48 como cultivo asociado, en una hectárea de terreno.

35

V. CONCLUSIONES

✓ Los Costos de producción en el cultivo de jengibre *(Zingiber officinale)* asociado con pimiento *(Capsicum annun)* y fréjol (*Phaseolus vulgaris*) en el Cantón Buena Fé, es de $ 8.716,40 dólares por hectárea, obteniendo una producción de 700 kg en cuanto al jengibre *(Zingiber officinale)*, 9.545 kg de pimiento y 500 kg de fréjol *(Phaseolus vulgaris)* en una hectárea de terreno.

✓ Se optimiza los recursos agro-económicos en la producción del cultivo de jengibre *(Zingiber officinale)* asociado con pimiento *(Capsicum annun)* y fréjol *(Phaseolus vulgaris)* en el Cantón Buena Fé, al aprovechar los espacios y las labores agrícolas, generando una rentabilidad de $ 2,48; es decir que por cada dólar invertido hay una ganancia de $ 1,48.

VI. RECOMENDACIONES

- En la agricultura como en cualquier otra actividad es necesario la aplicación de los conceptos básicos de costos y sus técnicas de gestión, ya que permite al pequeño agricultor obtener información relevante para un desarrollo económico local agropecuario en base al aprovechamiento sostenible de los recursos naturales y productivos.

- Se recomienda sembrar productos agrícolas   asociación de otros cultivos, ya que se optimiza los recursos agro-económicos, que van orientados a mejorar los ingresos por áreas cultivadas. Especialmente en la zona del Cantón Buena Fé debido a sus excelentes condiciones agroclimáticas.

- Es necesario que el agricultor consulte los precios de los productos en el mercado nacional y se proyecte, de la misma manera para asegurar una buena producción tiene que considerar el uso de semillas certificadas, para así evitar futuras pérdidas.

VII. BIBLIOGRAFÍA

- Altman, Rodrigo. 2008. Origen, Historia y Distribución Geográfica, Ministerio de Agricultura, Marabout, México, Pág. (5-10).
- Bean, Patricio. 2002. Origen, historia partes y características del jengibre, Acribia, Zaragoza España.
- Bitocchi, E., a, L. Nanni. 2011. Mesoamerican origin of the common bean (*Phaseolus vulgaris L.*).
- Bravo, Mercedes; UBIDIA Carmita, Contabilidad de Costos 2da Edición, 2009,Editorial Nuevo Día, Quito ,Ecuador, Pág. 1
- Gómez, Bravo Oscar: Contabilidad de Costos. Quinta Edición, Mc Graw Hill, Bogotá 2005.
- Glover, D. y K. Kusterer, 1990.Small Farmers, Big Business: Contract Farming and Rural Development. Londres; Macmillan.
- INIAP, 1990. "INIAP-472 o INIAP-Colorado". Nueva variedad de fréjol para el litoral Ecuatoriano. departamento de comunicación social y relaciones públicas del INIAP. Plegable No.109.Quito-Ecuador.
- Leon, J. 1987. Botánica de los Cultivos Tropicales. Segunda edición. Instituto Interamericano de Cooperación Para la Agricultura IICA. San José. Costa Rica.
- Luro, Pedro.1982."Cultivo de pimiento, análisis de costos y evaluación económica de una hectárea" Argentina.
- Maistre, J. 1989. Las plantas de especias. Barcelona. Espafia, Blume p.18-55.
- Manjarrés, Rojas Elizabeth.2002. El proceso de cálculo del costo de producción - rubro papa - en cinco sectores del Municipio Rangel del Estado Mérida, 2002. Trabajo de grado sin publicar. Universidad de Los Andes. Mérida, Venezuela.

38

- NUEZ Viñals, F.; Gil Ortega, R.; Costa García, J.1996."El cultivo de pimientos, chiles y ajíes". Ediciones Mundi-prensa. Madrid. Barcelona. México; 61, 76, 105,111.

- PERALTA, E., A. Murillo, N., Mazón, C.Monar, J.Pinzón y M.Rivera. 2010. Manual Agrícola de Fréjol y otras leguminosas. Cultivos, variedades y costos de producción. Publicaciones Misceláneas No.135 (Segunda impresión actualizada). Programa Nacional de Leguminosas y Granos Andinos. Estación Experimental Santa Catalina. INIAP. Quito, Ecuador. 70p.

- PILLAJO, F.1999.Proyecto piloto de hortalizas en huertos demostrativos de unidades de salud y huertos familiares.INIAP.Quito-Ecuador.p10.

- ROBLES, C. 2003. Comportamiento agronómico de diez variedades de fréjol de exportación, en diferentes zonas del Litoral Ecuatoriano. Guayaquil, EC.

- SOLANO, X 1991. Jengibre. In Aspectos técnicos sobre cuarenta y cinco cultivos agrícolas de Costa Rica Dirección General de Investigación y Extensión Agrícola. San José, Costa Rica. p. 463-466.

- SOTO, José. 2001. Cultivo de Pimiento. Editorial San José. Bogotá-Colombia. Pp5.

- VELASQUEZ, J., P.Giraldo. 2005. Posibilidades competitivas de productos prioritarias de Antioquia frente a los acuerdos de integración y nuevos acuerdos comerciales. Gobernación de Antioquia, Departamento de Planificación-Secretaría de productividad y competitividad. Informe, 92 p.

- AGRO.es;http://www.agro.es/cultivos-agricultura/cultivos-huerta-horticultura/pimiento/366-pimiento-descripcion-morfologia-y-ciclo.

- DIARIO, El Comercio, publicado el 5 de marzo de 2011; http://www.elcomercio.com/actualidad/negocios/cuatro-clases-de-pimientos-se.html.

- DIARIO, Expreso.ec, publicado el 8 de mayo 2014; http://expreso.ec/expreso/plantillas/nota.aspx?idart=6188054&idat=19308&tipo=2.

- HORTICULTURA.TV, Consultado el 28 de junio del 2015; http://www.horticultura.tv/cultivo-de-pimiento-morron/

- REYES Ricardo Triana (2011). "Costos de Producción", Centro agropecuario "La granja", http://www.slideshare.net/ricarey/costos-agropecuarios

- SICA, 2001 "Jengibre (*Zingiber Officinale L.*): Ginger Root)", http:/www.sica.gov.ec/agronegocios/Biblioteca/Convenio%20MAG%20IICA/ productos/jenjibmag.pdf,(Octubre, 2009).

Anexo 1

Cultivo de jengibre *(Zingiber officinale)* asociado con pimiento *(Capsicum annun)* y fréjol (*Phaseolus vulgaris)*

DEPRECIACIONES		
ACTIVO	**HERRAMIENTAS**	
COSTO	$ 205,00	DOLARES
VIDA UTIL	2	AÑOS
% V.RESIDUAL	10%	ANUAL

DEP. ANUAL = ((COSTO - V.RESIDUAL)/VIDA UTIL)

DEP. ANUAL = **92,25**

DEP. MENSUAL = (DEP. ANUAL / 12)

DEP. MENSUAL = **7,69**

DEP. DIARIA = (DEP. MENSUAL / 30)

DEP. DIARIA = **0,26**

V.RESIDUAL = (COSTO *

%V.RESIDUAL)

V.RESIDUAL

=   20,50

PERÍODO	DEP. ANUAL	DEP. ACUM	V.LIBROS
0	0,00	0,00	205,00
1	0,00	0,00	205,00
2	0,00	0,00	205,00

MATERIALES A DEPRECIAR			
DETALLE	CANTIDAD	COSTO. UNIT	COSTO TOTAL
Bomba manual	2	30,00	**60,00**
Machete	5	4,00	**20,00**
Tanque de plástico	1	25,00	**25,00**
Balde	2	5,00	**10,00**
Guantes	5	2,00	**10,00**
Pala	10	8,00	**80,00**
TOTAL A DEPRECIAR			**205,00**

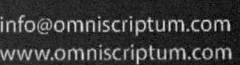